CHEMISTRY DETECTIVE KING

化学侦探王

山神发难

吴殿更 著

湖南教育出版社

·长沙·

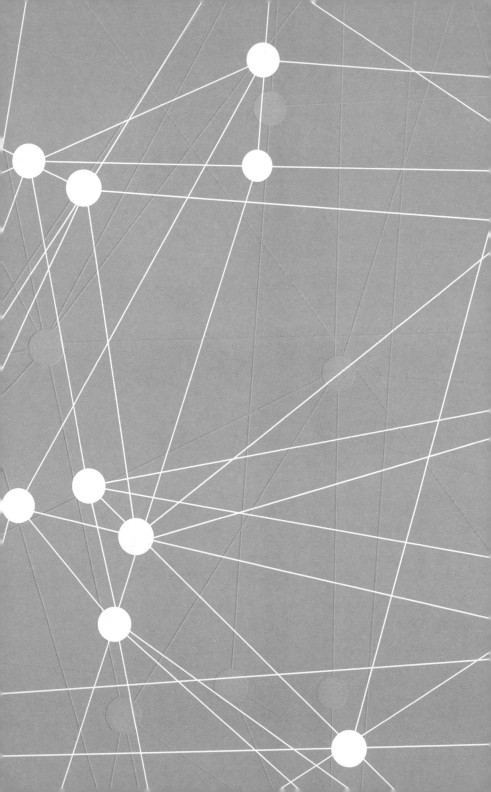

故事发生在H市，这是一个美丽的海边小城。主人公路建平、申筝奕和尤勇齐都是H市中学八年级（3）班的学生。他们因为联手解开了学校里的几个谜团，被同学们称为"少年侦探团"。上学期间，他们遇到了一个又一个离奇的案件，也由此开启了一段段惊险刺激的"破案之旅"。

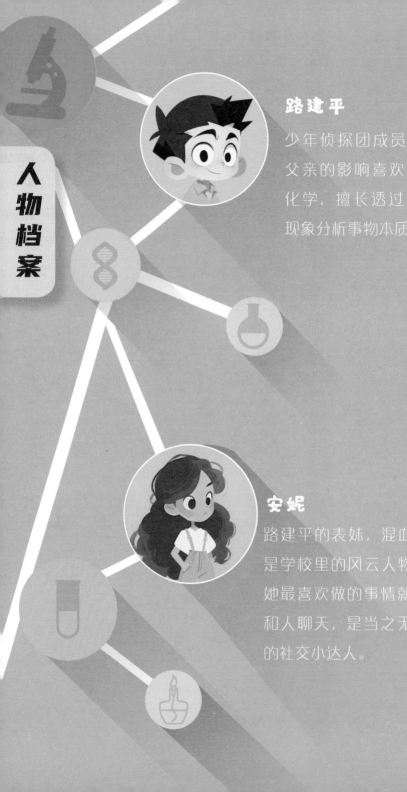

人物档案

路建平

少年侦探团成员。受父亲的影响喜欢研究化学，擅长透过表面现象分析事物本质。

安妮

路建平的表妹，混血，是学校里的风云人物。她最喜欢做的事情就是和人聊天，是当之无愧的社交小达人。

目 录
CONTENTS

麻山之行 1

"表哥，我们这次一定得去大山里！你说山里会不会有古墓？我们会不会碰到姥姥故事里讲的山精树怪？我们会不会挖到宝藏？"

表妹安妮的话一句接着一句，而旁边**静静**看着窗外的路建平却始终**默不作声**。一个多月的相处使他早已习惯了安妮那永远也停不下来的小嘴。不想助长安妮"话唠"的气焰，最好的办法就是，保持沉默！

安妮是路建平小姨的女儿，混血。她是个惹人喜爱的女孩儿。**黑葡萄**似的眼睛充满了灵动的光

彩。她从小在外国长大，活泼开朗，因为母亲是 H 市人，所以她也特别喜欢这里的生活，每次暑假她都会磨着妈妈带她回 H 市。这个暑假，妈妈要生宝宝，不能远行，所以妈妈托她的好友把安妮送到了大姨家——路建平的家里。现在她与路建平一起去麻山村的姥姥家为姥姥祝寿。

季夏（**夏季的最末一个月，即农历六月**）来临，繁盛的草木将大山装点得**生机勃勃**。此时**日已西斜**，在去往麻山的盘山公路上一辆大巴车逶迤而来。路建平的爸爸路门捷带着他们二人正坐在这辆大巴车上。孩子们此行的目的是给姥姥过生日。每年，建平妈妈和安妮妈妈都会带着全家人回乡下给母亲祝寿，但是今年却都因故不能前往。于是，两家大人商量决定，由这两个小家伙代劳。路建平二人觉得这是个天大的好消息，没了大人的**束缚**，连空气里都仿佛充满了自由的味道。于是，两个孩子提出要自己坐车去姥姥家。但是路门捷怕

他们发生意外，**毫不犹豫**地拒绝了，让他们**老老实实**地在家等着他抽时间把他们送过去。

昨天晚上，他让孩子们准备好，第二天一早就动身。这下安妮可高兴坏了。她终于可以吃到姥姥做的红烧鱼了，还能和姥爷去大山里采野花、摘蘑菇，去小溪里抓小鱼，玩累了再坐到老榆树下的秋千上荡秋千……这些，想想就让人**激动不已**！

姥姥家住在麻山深处的麻山村，那里地理**位置偏僻**，交通很不便利，所以很多人家都已经搬走了，目前只剩下十几户。

"这山是石头山，石头中的碳酸钙俗称石灰石；我们走的是水泥路，**水泥是用黏土和石灰石**

混合而成的……"

"错了，水泥是以黏土、石灰石为主要原料，与其他辅料一起经混合、研磨、煅烧等形成的！"路建平无法忍受表妹的错误，纠正道。

"哈哈，如果不故意犯点错误，怎么能让您老人家开口呀！"安妮眯着眼睛，**得意扬扬**地说道。

"你这个鬼精灵！"路门捷听了他们的对话，爱怜地捏了捏安妮的鼻子。"儿子，到家后，你要帮姥姥姥爷多干点活儿，还要照顾好妹妹，知道吗！"路门捷叮嘱道。

"放心吧，老爸！"路建平说。

"我可不用你照顾，你带着我多吃点儿好吃的就行啦！"安妮对接下来的日子**充满了期待**。

"我还要监督你学习化学呢！"路建平说。

"又来了……我要晕了！我好不容易逃开了唠叨的妈妈，怎么又来一个唠叨的表哥呀！"安妮往靠背上一躺，假装晕了过去。

04

"你们俩可真是一对活宝!"路门捷宠溺地看着孩子们。

在安妮的叽喳声中,大巴车终于到站了。透过车窗就可以看见有些佝偻的姥爷和胖胖的姥姥站在一辆半新的电动三轮车旁,不住地往车上张望。

在路门捷和路建平拿行李时,安妮就已经跑到了二老跟前。

"姥姥,姥爷!我可想你们了!"说着,安妮给了他们一个大大的拥抱。

"哎哟,是安妮啊,两年没见都长成大姑娘了!"姥姥开心地看着比自己高出半个头的女孩儿。

"姥姥,姥爷,我也来啦。"路建平手中提着他的行李和他的宝贝——一个大大的化学实验箱。

"建平啊！哎呀！真是**有苗不愁长**呀。这才一年没见，就长这么高了。老头子，快看看你的外孙子！都不敢认了吧？"

"是呀，都长这么高了！快！先把行李放车上。"姥爷看着建平和安妮，笑得合不拢嘴。

"爸，妈，您二老身体还好吗？"

"门捷呀！我们都好！山里空气好，吃的东西又健康，你们又这么孝顺，我和你妈还能再活50年！"姥爷**笑呵呵**地说。

"那可太好啦！我希望姥爷和姥姥一直陪着我！"安妮说。

"这孩子的小嘴，就是甜呀！"姥姥亲昵地拍了拍安妮抱着她胳膊的手。

"妈，真是对不起，我和思淼都不能来给您过生日了，您可别生气啊！"对于不能给岳母过生日这事儿，路门捷很是**歉疚**。

"妈怎么会生你们的气呢！只要你们工作好、

身体好就行！你们去忙吧，有他们两个陪我就行！"姥姥笑着指着路建平、安妮两人。

路门捷从包里掏出两个红包塞到姥姥手里说道："妈，这是我和思淼的一点心意，您和我爸一人一个。"

"你们用钱的地方多，我们有吃有喝的，也花不着什么钱。"姥姥推辞着。

"就是！快拿回去吧，这些年你们也没少给。"姥爷在旁边搭茬道。

"爸，妈，你们就收下吧！就当是孩子们的一点心意。"

"行！老头子，回去把这钱存起来。我得给建平和安妮攒着！"

见姥姥收起了红包，路门捷说："爸，妈，明天下午，我还要飞到上海去参加学术研讨会。所以我得坐这趟车回城，就不跟您二老回家了。"

"好，工作要紧，赶紧去忙吧！"姥爷说。

"你可得注意身体，别年纪轻轻的把身体累垮了。"姥姥**嘱咐**着。

"我知道了，妈！那我就先走了。"路门捷转头对路建平和安妮说，"你们俩不要惹姥姥姥爷生气，多帮他们干点活儿！有什么事给我们打电话。"

路建平和安妮连声应答，众人就与路门捷**挥手告别**了。三轮车上，姥姥爱怜地看着他们两人问道："饿了吧？快说，想吃啥，姥姥回家给你们做！"

"红烧鱼，炖排骨，还有可乐鸡翅！"安妮流着口水喊道。

"你也不怕吃成个大胖子！"建平**不屑**地说。

"可惜本姑娘自带怎么吃都长不胖的体质。气死你！"安妮得意地说。

"哈哈哈哈！"三轮车在一阵阵欢声笑语中驶向了远方。

夕阳的余晖下，他们走进了姥姥家老旧却很整洁的小院儿。院中的老榆树上挂着一挂秋千，那还是姥爷在他们小的时候亲手做的呢。

一进院门儿，姥姥就赶紧进了厨房。姥爷生火，路建平和安妮帮忙摘葱、剥蒜。一会儿工夫，一阵阵炊烟从青瓦房顶的烟囱里**袅袅升起**，姥姥端上一盘盘香喷喷的饭菜，两个孩子立刻**大快朵颐**起来。不一会儿，就**心满意足**地揉起了撑得鼓鼓的肚子。

晚饭后，一家人团坐在院中的石桌旁，聊起了各自的生活趣事。小院中不时传出阵阵的欢笑声。

盘山公路为何是螺旋的？

1. 能更好地适应山脉的地形，减少对山体的破坏，降低修建难度。

2. 将坡度和弯道半径分散开来，使车辆行驶更加平稳，减少安全隐患。

3. 最大程度地减少对环境的干扰，保护生态环境。

家禽的死亡 2

夜色笼罩了小山村。劳累了一天的人们，都已进入了梦乡。这时，一阵急促的狗叫声传来，仿佛突然间发生了什么大事一样。犬吠声把安妮从睡梦中惊醒。她急忙下床，趿拉着鞋来到路建平的门前，敲了敲门叫道："表哥，狗怎么叫得这么急呀，出什么事了吗？我有点儿害怕！"

路建平披上衣服打开房门，说："快去披件外套，咱们去找姥姥和姥爷，看看出了什么事！"

两人走到堂屋，发现姥姥和姥爷站在那里和一群村民说话。

　　"村长，您快去看看吧！我家养的几只鸡忽然之间全死了！"村民口中的村长，正是他们的姥爷。

　　"对，我家的鸭子也全死了！"村民们看上去十分焦急，你一言，我一语地**抢着说**。

　　"先别吵，一个一个说。"姥爷制止道。

　　"我先说！"说话的是一个五十多岁的络腮胡大叔，"我晚上上厕所时，习惯性地抓了点上午割的曲麻菜去喂鸡鸭。结果当我走到鸡圈前时，发现里面一点儿声音都没有了。于是我往圈里一看，所有的鸡鸭都倒在地上，死了。"

　　"对，我家鸡也死了！"

　　"我家也是！"大家又开始**七嘴八舌**起来。

　　"好了，你们说的情况我知道了。大家现在先回去，等明天一早我到鸡鸭死亡的人家去看一下。"

　　第二天，天刚**蒙蒙亮**，姥爷就要出门去查看各家家禽死亡的情况。安妮看见姥爷要出门，一下子从屋里跑了出来说："姥爷，您去调查情况吗？

带上我吧!"

"你别去啦!如果是瘟疫,传染上就麻烦啦!"姥爷劝道。

"您就带我去看看嘛!我保证做好防护!"不等姥爷回答,安妮喊着,"表哥,带上你的宝贝实验箱快出来,咱们去案发现场啦!帮我也拿上口罩和手套!"

路建平快步从屋里走出来,说:"姥爷,让我们去吧,也许我们能帮上忙!"

姥爷知道建平自小沉稳,办事妥帖,就有点动心了。但考虑到可能会影响他们的身体健康又有点犹豫。最后他下定决心似的嘱咐道:"去可以,但是你们可一定要做好防护!"

"保证完成任务!"两人异口同声地回答。

一行三人连同村医马强以及几个村民先来到位于村西头的络腮胡家。按辈分,路建平应该叫络腮胡一声大舅。

"村长，您来瞧瞧，这些鸡鸭全都死了。"络腮胡难过地说。

村医马强拿起一只死鸡，仔细地检查。他发现这死鸡从外表看并没有什么异常。

"看样子，可能是鸡瘟！"虽然村医马强不是兽医，但因为村子太小，所以遇到牲畜生病，村民也会找他去看看。

"昨天下午还好好的，这该死的鸡瘟！"络腮胡捶胸顿足地说。

路建平和安妮在鸡圈外转了一圈。路建平看到鸡食盆露出大半个盆底，里面只残余一丁点儿鲜嫩的野菜。显然，这些饲料已经被吃了大半。"哞！"路建平顺着牛叫声看向了对面的牛棚。只见安妮边抚摸着老牛的头边自言自语着什么。

"安妮，你有什么发现吗？"

安妮耸了耸肩，说："我在问老牛啊！可是老牛没有回答我。"

路建平白了她一眼，便看向了牛食槽。他发现里面的野菜和鸡食盆中的一样，只是剩下了许多。

老牛哞哞地又叫了几声，吸引着络腮胡走过来看："这牛平时最爱吃这曲麻菜了。我昨天放了满槽子曲麻菜，它竟然没吃几口，是不是也生病了？"他的表情更沮丧了。

"大舅，您换别的草料试试。"听到路建平的提醒，络腮胡**如梦初醒**般拿来新草料喂牛。

这一次老牛没有拒绝，大口大口地吃了起来。看见老牛没事儿，络腮胡松了一口气："你这家伙，还学会**挑食**了！"

村长见没有什么新发现，就喊道："我们再去

15

大柱家看看。"

大柱一早就进城上班去了，大柱的媳妇胖婶待在家里。昨晚死鸡的事对胖婶来说可是造成了不小的损失，于是她想把所有的死鸡收拾干净，拿到市场上去卖。这样，至少还能换回来点儿钱。

听见村长一行人来敲门，她有些**慌了**。村长可是这里出了名儿的**刚正不阿**，要是让他知道自己想卖死鸡，那可就惨了！于是，胖婶赶紧将已经装好热水、准备给死鸡拔毛的大盆用盖子盖住。

胖婶走到门口，只打开其中的一扇门，并用身体挡着门口，不打算让村长他们往院里走。

"村长，您来啦！"胖婶用身上的围裙擦了擦手，有些紧张地说。

"我来看看你家的死鸡！"姥爷说。

"呃，不用看啦！我家也没多少鸡，死就死了吧。"胖婶努力地挤出一个笑脸说。

"那不行，万一真是瘟疫，咱们得提前做好预

防！"姥爷坚持地说。

"胖嫂，别耽误时间。一会儿我们还得去别人家看呢！"络腮胡有点着急地说。

"那你们去别人家看吧，我家就不用看了！"胖婶依然没有退开的意思。

众人**面面相觑**。"你家的鸡是不是有什么不一样啊？不然怎么拦着不让我们看呢？"络腮胡怀疑道。

"有啥不一样的，不是都死了吗！"胖婶有些慌张地说。

"我得进去看看！"络腮胡说着，推开另一扇门进了院子。

"哎，你们这帮人，怎么还**私闯民宅**呀！"胖婶试图阻拦，可村民们已经**鱼贯而入**了。

众人进了院子，见到鸡被堆成了一堆。旁边还放着一个大盆，从盆上盖子间隙里冒出的热气不难看出里面装着热水。

"他胖嫂啊,这鸡可不能吃啊!"一位大娘说。

"大娘,我没……哦,我是准备自己吃来着,您这么说,我一会儿就把它们埋了!"胖婶说。

"埋的时候您记得要洒一些生石灰。"路建平跟胖婶说道。

胖婶问道:"埋个鸡,加生石灰干什么?"

"生石灰有消毒、杀菌的作用。这样就不用担心腐烂后的鸡有病菌啦!"路建平说。

"生石灰是什么?"安妮这个"问题机"又开始上线了。

"生石灰就是用石灰石烧制成的一种白色块状物。它也是一种建筑材料。"

路建平解释道。

"表哥，你可真是**博学多才**！"安妮笑着恭维道。

"你可真是个小马屁精！"路建平白了她一眼。

"切，夸你，你还不高兴？"安妮不高兴了。

"当然高兴！不过你**好问善学**的精神更让我高兴！"路建半笑着说。

安妮听路建平这么说，向他吐吐舌头。

这时，村长和村医已经看完了死鸡。死鸡的状态和络腮胡家的一样，看不出一点外伤。而且，路建平还发现一个共同的现象：那就是胖婶家的鸡与络腮胡家的鸡所吃的野菜竟然**一模一样**！

在随后走访其他村民家时，路建平除了注意寻找新的线索外，还着重观察了鸡食盆！果然，这些村民家里喂鸡所用的野菜都是一样的。

看到这里，路建平心里不由得疑惑起来：这难道真是一种**巧合**吗？

认识有毒的野生植物

有些野菜鲜嫩可口，是季节性很强的美味佳肴。但并不是所有的野生植物都能食用，它们中有的含有很大的毒性。比如：

狼毒草：又名断肠草。它全株有毒，根部毒性最大。吃后会出现呕吐、胃灼热、腹痛等症状，严重的可造成死亡。

苍耳子：全株有毒，幼苗及种子的毒性最大。

除此以外，还有曲菜娘子、毒芹、天南星、曼陀罗等植物。总之，一定不能食用自己不认识的野生植物，以确保安全。

谁是元凶 3

傍晚，大家聚在村部的小会议室开会。会上大家众说纷纭。这时，村里年轻时有名的刺儿头老金神秘地说："要我说呀，一定是山神发怒了！"他的说法，引来了大家的嘲笑："什么时代了，还山神！"

"我这么说绝对是有根据的！那天我走到山神庙附近，忽然阴了天，我看马上就要下大雨了便躲了进去。那天我口渴得不行，带的水又全喝完了。我发现大殿的角落里竟然有一瓶矿泉水，我想这一定是别人落下的，我看还没开封便一口气喝了半瓶。

过了一会儿，天空乌云滚滚，暴风骤雨来了。一阵电闪雷鸣之后，我发现山神的神像竟然眨了一下眼睛！"

"你眼花了吧！"众人说。

"没有！刚开始我以为是我眼花了，但等我再看时，山神的眼睛又眨了一下！我吓坏了，马上跪在地上给山神磕头。咱们有多少年没有祭祀过山神了？这次恐怕是山神发怒了，自己要贡品呢！"

众人哄堂大笑，谁也没把他说的话当回事儿。

这时路建平站出来说："我想问大家一个问题。"

大伙儿都安静下来，打算听听一直被村长赞不绝口的外孙子有什么想法。

"我发现昨晚家禽暴毙的人家，都是用同一种野菜当饲料，这是什么野菜呀？"路建平问。

"不就是曲麻菜嘛！"有个村民抢着回答。

"有毒吗？"路建平接着问。

"没毒！人都能吃。春天挖嫩芽凉拌，可好吃

23

了！只是到了夏天它长老了，就不好吃了。所以大家就割来喂牲畜了。"那个村民回答说。

安妮接着问道："这种野菜是在哪割的？"

"村西头！因为鸡鸭最爱吃它，所以人们都去那儿割。"另一个村民回答。

安妮提议道："咱们去村西头看看吧！"

"野菜能有什么问题呢？经常喂鸡鸭的东西。"好几个村民这样说，认为安妮**多此一举**。

"姥爷，咱们去看看！我怀疑就是野菜的问题。"路建平说。

"走，姥爷！"没等村长说话，安妮便挎着他的胳膊率先出了门。

村部离村西头的野菜地不到一千米，众人很快就走到了。这里土质不好，没人耕种，久而久之就成了一片**荒草萋萋**之地。后来因为各家垫院子需要用土，就全在这里取土。长时间的挖掘使这里形成了一个面积不大，但有些深度的水坑。今年雨水少，

24

水坑里的水已经不是很深了，水坑旁边郁郁葱葱地生长着一大片曲麻菜。

安妮见**狭长**的菜叶上落满了尘土，好奇地问道："这菜这么脏，鸡怎么吃呀？"

"真是城里的孩子！脏了可以用水洗洗嘛！这不是有现成的小水坑？我每次割完菜，直接在这里洗好，然后带回家喂鸡鸭。"一个大婶说。

"我们也是！"其他村民也附和道。

路建平心想：如果野菜没问题，那么有没有可能是水的问题呢？他走近水坑观察。发现水坑里的水并不浑浊，甚至还微微发蓝。

"表哥，水坑里有没有小鱼？"安妮问。

"我没看到啊。"路建平回答。

"不对呀，原来里面有几条小鱼苗儿，怎么现在看不到了呢？"一个村民奇怪道。

路建平回到提着实验箱的安妮跟前，并看了一眼她。安妮会意，马上打开实验箱，拿出口罩和手套递给路建平，自己也赶紧"武装"起来。

"表哥，我来帮你！"

路建平点了点头。只见他先用一个试管取了点水坑里的水，接着回到实验箱旁，从中取出一个装着黑色粉末的瓶子。

只见他把黑色的粉末倒入了试管后，黑色的粉末竟然变成了红色的。

"表哥，这是怎么回事儿？"安妮问道。凑过来的村民也好奇地看着路建平。

路建平解释道："我刚才倒入的黑色粉末是铁粉。铁粉与水中的有毒物质反应后产生了红色物质。而我怀疑水有问题，是因为水的颜色。

大家回忆一下，你们平时用这水的时候，水是这样发蓝的吗？"

"还真是啊，现在看着是有点儿发蓝。"一个村民说道。

"我刚才在水边还找到了这个。"说着，他取出一个黑色的塑料袋。

"这种塑料袋家家都有，而且里面还是空的，能有什么特殊之处？"一个村民疑惑道。

"大家仔细看一下！"路建平打开袋子，角落里沾着一些蓝色粉末。

"这是什么？还是蓝色的？"络腮胡问。

"这蓝色粉末是**硫酸铜**，味道苦涩，是有毒的化学品！"

"有毒！"众人听后吓了一跳！

"建平，这会不会是从别处飘来的袋子呀？"

"不排除这种可能！但即使是飘来的袋子也是有人用过这种化学品。而且，我刚才检测的是小水坑里的水，并没有使用塑料袋里的物质。所以接下来我用这些粉末再给大家验一次，看看是不是和水坑里的水一样。"他把这些蓝色粉末溶于水，以同样的操作又重新做了一次。又产生了红色物质。这个结果**不言而喻**——水中的毒正是硫酸铜。

"大家平时割了菜在这水坑里洗掉尘土，然后喂给鸡鸭。现在鸡鸭全死了。这说明，这个人很了解大家的习惯，所以作案者一定是本村的人。"安妮**眉头轻蹙**地分析道。

"不错！"路建平肯定地回答。

村民们一时无人作声。过了好一会儿，络腮胡才问道："可是，我家的牛也吃了这个菜，牛怎么

没事儿呢？"

"对啊！鸡鸭死了，可是牛怎么没事呢。"村民问。

"这个问题我可以回答！"安妮说，"我之前读过关于各类动物味觉的书。书里面说，鸡鸭的味觉很差，对食物的辨别能力不强。而牛的味觉和嗅觉是很灵敏的，所以它们不会吃被硫酸铜水洗过的、**又苦又涩**的野菜。"

路建平接着说："硫酸铜是一种较常见的化学药品，有较强毒性。鸡鸭比较小，所以沾在野菜上的这些足以毒死它们了。况且，我刚才查看了各家的鸡食盆，盆里面只剩下一点野菜。而大舅家的牛，因为**味觉灵敏**，只吃了一点点，这点儿量不足以对它造成影响。所以牛没事！"

"竟然是这样！没准真是有人下毒，那我们可得报警啦！"一个村民提议道。

经过商量后，大家一致决定先通知村里人不

要使用这里的水，然后由村长这两天下山到警察署报案。

没味蕾能否尝出味道？

　　动物界中，有许多动物虽然缺乏味蕾或一条真正的舌头，可它们也是有味觉的。如绿头大苍蝇和蝴蝶的前足附有尝味的感觉器官，它们的前足一踏在食物上，就能尝出酸、甜、苦、辣。事实上，一只绿头大苍蝇的前足对某些糖的敏感程度比它的嘴强了五倍。若一个绿头大苍蝇饿了十天，那么它对糖的敏感程度是它吃饱时的七百多倍。

迷幻蘑菇 4

麻山虽然是个偏僻的山沟沟，但它却是个物产丰富的"宝地"。在这个季节里，大山馈赠给人们最好的礼物就是漫山遍野的野生蘑菇。这些蘑菇除了味道鲜美、营养价值高之外，还是村民们的经济来源之一。

每天清晨，村民们就成群结队地进山采蘑菇。傍晚时分，他们唱着山歌满载而归。如果这时你在村子里转一转，就会发现，家家户户的门前都晾着许多蘑菇，村子里也回荡着人们的欢声笑语。

回到家里，安妮缠着正在看化学资料的路建平说道："表哥，姥姥让姥爷明早进山去给咱们采蘑菇。咱们一起去吧！"

路建平说："可以。不过我得考考你，如果你过关了，咱们就去。"

"又考我？你不去我自己去！"安妮转身要离开。走到门口，又回过身撒娇道："哎呀，表哥！我自己去多没意思呀！等回来再考行不行？"

"不行，小姨让我这个暑假把最基本的化学知识教给你，你不会我怎么向小姨交代？"路建平毫不相让。

安妮只得投降。开始几个问题，安妮都顺利过关了。当被问到"碱式碳酸铜是什么？"时，她卡壳了。

"**铜锈**。"路建平告诉她，"它是铜与空气中的氧气、二氧化碳和水等物质发生反应生成的，又名铜绿。"

路建平无奈地摇摇头，说道："能不能上点儿心？这些可是最基础的化学知识。"

"我不管，明天一定要去。"安妮**耍起赖**来，"我明天一早来叫你，晚安！"说完，**她像风一样溜了出去**，路建平看着她远去的背影无奈地笑了笑。

第二天，天还未亮，祖孙三人和村民们就进了山。晨间的山林被几缕薄雾缠绕着，似是仙境一般。早起的鸟儿欢快地鸣叫，时而飞起**直上云霄**，时而俯冲落入草丛，时而追逐游戏，时而**亲密相偎**。

众人到了一处山坡之后便散开，**三五成群**地各自寻找蘑菇去了。姥爷带着路建平、安妮正要向林中走去，这时老金也凑了过来。

"村长，您每次蘑菇都采得最多，这次我得跟着您！"老金**嬉皮笑脸**地说道。

"你小子就知道吃现成的！"姥爷笑骂道，"赶紧跟上，咱们找我的蘑菇窝子去。"

"姥爷，您看这蘑菇，可真漂亮！"安妮手上拿着一朵红盖白脚的蘑菇说，"这蘑菇一定非常美味！"

"安妮，快扔掉！这是红鹅膏菌，你看伞盖上是不是有白色的小点？吃了它会死人的。"姥爷急道。

路建平说："'红伞伞，白杆杆，吃了一起躺板板'，你没听过吗？"

"那是什么意思？"国外长大的安妮自然没有听过。

"意思是说，颜色越鲜艳、越漂亮的蘑菇越有毒，吃了就会'躺板板'喽！"路建平解释道。

"太可怕了！"说着她赶紧把蘑菇扔出老远。

几人来到姥爷常采蘑菇的地方。一眼望去，丛丛簇簇地长了很多蘑菇。路建平和安妮一路跟着姥爷，认识了很多种蘑菇。这时一朵有着白色伞柄、褐色伞盖，外表看起来平平无奇的蘑菇进入了路建平的视线。

他指着这蘑菇疑惑地问姥爷："这是什么蘑菇？"

姥爷上前把蘑菇摘了下来，只见蘑菇的伤口处是蓝色的，于是说："这蘑菇可不多见，这是迷幻蘑菇啊。"

"迷幻蘑菇？"安妮十分好奇，"为什么叫它迷幻蘑菇呢？是可以让人产生幻觉的蘑菇吗？"

"老一辈人说吃了它，能够见到神佛。但是毕竟没人真的吃过，所以吃后到底什么样子，也**无从得知**了。"姥爷一时也无法回答了。

"姥爷，我可以把它带回家研究一下吗？"路建平对这个非常感兴趣。

姥爷同意了，并嘱咐他一定收好。采完蘑菇，他们便下了山。

路建平回家后就把迷幻蘑菇单独收藏起来，准备第二天研究。

第二天，路建平在屋里对迷幻蘑菇捣鼓了整整一个上午。

这时，一阵紧急的敲门声传来。路建平快步走到院门口，看到安妮已经打开了大门。门外站着一位头发花白，身穿迷彩服的村民。只听安妮叫道："原来是二姥爷，您快进来。"她真不愧是"社牛"，几天就把村子里的人认了个**七七八八**，这一点路建平真是**自愧不如**。

"安妮呀，你姥爷在吗？"

"没在呀，他这会儿应该在村部开会，一会儿就该回来吃饭了。"安妮回答道。

正说着，只见姥爷背着手从门外走了进来，说："老二呀，难得你有空儿来我家，咱老哥儿俩中午喝点儿？"

"别喝了，我的老哥哥！我都快急死了。"

"别着急，您慢慢说。"路建平说。

"我能不急吗！我一池塘的鱼都快要死了！"

"什么？前几天你不是还说，这鱼到秋天就能卖了吗？怎么**好端端**地就快死了呢？"姥爷不可置信地说。

"唉！别提了。我今天上午喂鱼的时候，鱼还好好儿的。可到中午时，就发现鱼塘里的鱼开始往水面窜。我以为要下雨气压低，也没当回事儿。结果我吃过饭再去看的时候，就有些鱼死了。我一刻也不敢**耽误**，赶紧给镇上的技术员打电话，结果他去邻县进货了，得晚上才能回来。我实在没办法了，只能来找您了！"

姥爷一听，饭也顾不上吃就和他一起往外跑。

"姥爷，姥爷！我们俩也去！"安妮说。

两人快速地将实验箱收拾好，追着姥爷去了鱼塘。

山是怎么形成的？

　　世界上为什么会有山？地质学家李四光认为：地壳的水平挤压是造山运动的主要动力。地壳运动中，结实的地壳部分发生断裂，断裂的两侧相对上升或下降，就形成了高山。地壳薄弱的部分，则会产生剧烈的褶皱，隆起时便成为连绵不断的山脉。

鱼塘遭殃 5

路建平他们赶到时，已经有很多村民聚在一起**交头接耳**。鱼塘中许多鱼儿浮在水面，有些鱼已经翻着白白的肚皮死掉了。

路建平观察了一下，此时他和众人正站在通向鱼塘的小路上，路的尽头有一座小小的房子，这是二姥爷平时看鱼塘时的住处。再往前就是鱼塘，鱼塘面积不小，周围用铁丝网圈着，靠近鱼塘的岸边还长了许多不知名的杂草。

安妮从人群的议论中，了解到关于鱼塘的信息。于是向路建平汇报："表哥，这个鱼塘是去年二姥

爷通过公平竞争得来的，承包了十年。去年的竞争对手就是络腮胡大舅。因为两家都争这个鱼塘，最后还闹得很不愉快呢。"

"安妮，你是不是觉得这鱼塘出事儿是络腮胡干的？"胖婶故意大声地说道。

"胖婶，安妮可没这么说。"路建平恼怒道。

老金听到胖婶的话，马上凑了过来，说道："一件接着一件，这肯定是山神发怒了！"

"老金叔，没有根据的事不要乱说。"说着，路建平从实验箱中取出手套，便向鱼塘边走去。

靠近水边时，路建平闻到了一股臭鸡蛋的气味。"难道还是水有问题？"他戴上手套，捧了点水凑近闻了闻，果然气味更浓了。

路建平一边查看一边思索：鱼塘边的铁丝网没有损坏的地方，没有人偷偷进来过。那是怎么回事儿呢？他用手机在网上查到，如果硫化氢超标，会使鱼窒息死亡。看到这里，他不由得加快了脚步，

想问问二姥爷是不是往鱼塘里加了什么东西。但他刚走到姥爷身后，**脚下忽然一滑**，一屁股坐在了草丛里。姥爷吓了一大跳，马上过来扶他。

路建平赶紧起身，说道："姥爷，我没事儿。"

姥爷看他裤子上好多泥，对他说："要不你先回家，我和你二姥爷再看看。"

"我真的没事儿，姥爷。您看，我这不是好好的嘛！"他抬起手，还转了一圈。

"哎呀，裤子上这么多泥，我帮你拍掉一点。"说着，姥爷用手**拍了拍**。这么一拍，路建平忽然觉得大腿外侧热辣辣的，低头一看，有一大片棕红色的泥土粘在裤子上。

"哎哟，我这手怎么这么烧得慌？"姥爷说。

"不好！姥爷，这恐怕是化学品，必须马上洗掉！"路建平**惊慌失措**地说道。

"屋里有自来水，我带你们去洗洗。"二姥爷领着姥爷向前跑着。

路建平捏着裤子的一角，让裤子的布料尽量远离皮肤，快步向小屋跑去。

众人见他们跑得那么急，以为发现了什么，也都围过来看热闹。

两个人用自来水冲了一会儿，灼烧感慢慢缓解了。

路建平换了二姥爷的裤子后，从小屋里出来回到刚才的地方。

"棕红色，气味就像臭鸡蛋……我知道了！"路建平说，"这可能是硫化钠。硫化钠水解会生成**硫化氢**和**氢氧化钠**，鱼塘水酸性越强，生成的硫化氢越多，大量的硫化氢会导致鱼缺氧窒息，氢氧化钠会使人体接触部位产生灼烧感。"

"表哥，你要再确认一下吗？"安妮问。

"不用，这个物质的特性已经很明显了。我刚才在鱼塘边就想到可能是鱼塘水中硫化氢超标了。

现在**情况紧急**，要想办法去除硫化氢，否则鱼会全部死掉的。"

"用什么可以去除呢？建平！"二姥爷一听更加着急了。

"可以加适量石灰使鱼塘水酸性减弱，您打电话问一下技术员，看看有没有什么特效药。"

"好，好，我马上打。"

二姥爷打完电话回来说："技术员说用解毒护水宝就行。我马上去买。"

二姥爷**风风火火**地走了，姥爷也带着路建平和安妮回了家。姥姥听说路建平受了伤后一直埋怨姥爷没有把孩子保护好。

安妮看到姥爷**尴尬**的样子，立马说："姥姥，我要饿死了。您听听，我肚子都咕咕叫了！"

"能不饿吗？现在都下午三四点了。快来吃饭，我已经把饭都热好了。"姥姥赶紧说。

晚上，二姥爷来了，见了路建平，立刻说："这次我可得好好谢谢建平啊！要是没有建平，我的鱼估计全都得死。我买了药洒进鱼塘，现在鱼儿已经不怎么往水面窜了。我把一辈子的积蓄都投到这鱼塘里，出了事儿可真要了我的老命！"

"二姥爷，您也不用客气，我这也是误打误撞。"路建平谦虚道。

"这孩子将来一定会有出息的。"二姥爷说。

"二姥爷，您也太偏心了，难道我就没帮忙吗？"安妮故意说。

"帮了帮了，你们俩都是好孩子！"二姥爷说。

听了这话，安妮得意地笑了。屋子里传出的一阵阵欢笑声，感染了院子里的老榆树。它迎着风发出沙沙的响声，仿佛与屋子里的笑声应和着。

谜题

1 到底是谁想毁掉鱼塘里的鱼?

2 这个人为什么要这么做呢?

山神显灵 6

　　"表哥，大家都说这次鱼塘事件是络腮胡大舅想要报复呢！"安妮故作神秘地说。

　　路建平看了一眼安妮道："还是那句话，没有根据的事儿不要乱说。"

　　"我可没乱说。是二姥爷说的。他说，自从他们因为承包鱼塘闹僵了以后，络腮胡大舅从来不和他说话。可是那天络腮胡大舅去了鱼塘，说想在塘里钓条鱼。"安妮停顿了一下接着问道，"你说这件事儿是不是挺奇怪的？"

　　"确实有些奇怪。鱼塘又不只有二姥爷家一处，

他为什么非要去那儿钓鱼？"

正说话间，络腮胡和二姥爷就扭打着进来了。

"村长，您给评评理，沈齐（二姥爷）说是我下药害他的鱼！我可真是太冤枉了！"

"你钓完鱼，我的鱼塘就出了事儿，不是你还能是谁？"二姥爷气得直哆嗦，"你就是因为承包鱼塘失败怀恨在心，所以才下毒害鱼！"

姥爷赶紧出来把两人拉开。

"这事儿现在还不能下定论。不过老二的鱼塘里确实是发现了有毒化学品。我打算把这两次的事情都报告到警察署。"

"对，马上报警！"两人一齐嚷嚷道。

此时，一个村民慌慌张张地跑进来说："村长，不好啦！老金发疯啦！"

"怎么回事儿？"村长问。

"您快去看看吧！老金把山神庙里的神像背到自己家里去了，还在那儿又是哭闹，又是跪拜的，

50

这不是发疯了吗！"

"老二，你先去把村医马强叫上，咱们赶紧去看看到底是怎么回事儿！"姥爷说着便和众人一起向老金家小跑而去。

老金家已经围了好多人在观望。

"老金这是得了失心疯吧！"一个村民说。

"大家还是别看热闹了，不知道老金又要出什么幺蛾子，小心被他讹上！"另一个村民说。

鼎沸的人声中，村长几人进了老金家的小院儿。老金是个光棍，一个人住在这座破旧的老房子里，院子里堆了好多乱七八糟的杂物。他人懒，还是个刺儿头，平时没有人愿意和他来往。

此时，山神的神像正摆在院子当中，老金正朝着神像叩拜，嘴里还念念有词："山神，您可别发怒！我马上给您送上贡品！求求您，别发怒……"

一会儿他又站了起来，哈哈大笑，边笑边说："山神，山神显灵了！"又指着众人说道："你们怎么

51

变得像蚂蚁一样小了？我要踩死你们！踩死你们！"
说着，他用脚使劲儿往地上碾。一边儿碾一边儿说：
"我是山神的使者！让你们这群小蚂蚁笑话我！"

"哈哈哈……"人群中发出一阵阵的哄笑。

"不对，老金叔不是疯了，而是食用了迷幻蘑
菇！这表现和资料上记载的迷幻蘑菇中毒的症状一
模一样！"路建平看着眼前的景象，心中焦急地想道。

他正要上前，却听到有人大喊："胖婶，胖婶
你怎么了！"众人闻声望去，只见站在人群里看热
闹的胖婶，此时正神情恍惚地躺在地上，整个人
软绵绵的。路建平跟着姥爷赶紧走到她身边。这时，
听见胖婶有气无力地嘟囔着："山神显灵了！我是水，
我是水，我马上要流走了……"

"啊呀！这真的是山神发怒了！"一个村民害
怕地喊。

"你看老金和胖婶同时发疯了，没准真是山神
发了怒要惩罚我们吧！"另一个村民说。

听到这些话，村民们个个**面露惧色**。

安妮也有些害怕，**拽着**路建平的衣角小声说："表哥，真的是山神显灵了吗？"

"肯定不是！"路建平坚定地说。

"姥爷，他们像是吃了迷幻蘑菇。"路建平说着，忽然看见_姥爷和村医一起赶了过来。

"马强，你快看看，这两人是怎么回事儿？"姥爷说。

村医看完胖婶又去看老金。老金已经被两个人架着坐在地上，只是嘴里还在不停地说着"山神显灵"。

"村长，我觉得他们可能是受了什么**刺激**，还是先送医院吧。"马强说。

"刚才建平说，他们可能是食用了迷幻蘑菇。"

"是的，马叔。我查到的关于迷幻蘑菇的资料是这样说的：它是一种叫作'裸盖菇'的蘑菇，因为蘑菇中含有致幻成分，服用后会让人**产生幻觉**。

老金叔和胖婶现在表现出来的症状和记录几乎一致。"路建平插话道。

"好的，建平。我会第一时间把你的猜测告诉医生。"马强看着路建平说。

姥爷带了几个人把老金和胖婶送去了医院。他们走后，众人也散去了。路建平和安妮还想再找找线索，就在老金的小院里转了一圈，意外发现了一个白色的小球。

"这是什么？"安妮捡起来问。

"别乱碰，小心有毒。"安妮**吓得一哆嗦**，刚要把小球扔掉，就被路建平拿了过来。

"你不让我碰，你怎么用手拿？"安妮不服气

地说道。

"因为我戴了手套，而你没戴。"说着路建平在安妮面前晃了晃他不知什么时候戴上了手套的手。

"行吧，你快看看这是什么东西？不会是老金叔他们碰了这玩意儿才发疯的吧？"安妮问。

路建平看了看手中的小球，又放在鼻子下闻了闻，说道："原来是卫生球啊！"

"卫生球？"安妮**满脸疑惑**。

"对，就是用萘制成的小球。"路建平解释道。

"萘又是什么？"安妮开始**刨根问底**。

"**萘**是易挥发并有特殊气味的**晶体**。人们把它放在衣服里，**防止虫蛀**。"路

建平继续解释道。

"哦!"安妮一副了然的神情,"那就是说老金叔他们发疯和这个无关了?"

晚上七八点的时候姥爷才从医院回来。一进屋就对路建平说:"建平,你说对了!老金和胖婶果然是中毒。他们吃了迷幻蘑菇。可是他们都知道这蘑菇有毒,怎么还会吃呢?"姥爷疑惑地说。

这时,安妮说:"这有没有可能是连环案?现在案件越来越**扑朔迷离**了!"

"小孩子净瞎说。这么点儿小事,还案件案件的。"姥爷有些宠溺地说安妮。

"我觉得这件事儿还真有可能像是安妮说的连环案。"路建平忽然说道。

安妮得到路建平的肯定,眼睛一亮:"哥,你觉得我说得对?"

"姥爷,安妮,我先说说我的思路。我和安妮来的第一天晚上,村里的鸡鸭出了问题,我们查出是

有人在大家常用来洗野菜的小水坑里洒了硫酸铜。"然后路建平问安妮，"安妮，你还记不记得，当时老金叔说过什么？"

"老金叔说，他看到山神显灵了！"安妮回忆着。

"没错。我们去看胖婶家的鸡时，她没有立刻让我们进门，对不对？"路建平说。

"是的。当时还是络腮胡大舅非要看才进去了。"安妮补充道。

"后来二姥爷的鱼塘出了事儿，当时胖婶故意**大声嚷嚷**说是络腮胡大舅干的。"路建平接着说。

"今天……"姥爷接着说，"今天老金和胖婶同时吃了迷幻蘑菇，同时发疯！"

"表哥，所以你认为老金叔、络腮胡大舅、胖婶有作案嫌疑？"安妮问。

"只能说他们和案子有关系，但目前还不能确定。"路建平接着说，"他们又是**造谣生事**、又是吃迷幻蘑菇，用这完全不惜毁坏自己的名声和身体

的代价，换来的是什么？假如这些事情都和他们无关，真正的幕后人又是谁？他的目的又是什么呢？"

"是啊！"姥爷也是**百思不得其解**，"虽然他们三人平时都会有点儿小毛病，但本性还算不错的。大家乡里乡亲的，这么做对他们又有什么好处？"

路建平摇摇头问道："对了，姥爷，这两件事儿您报警了吗？"

"已经和警察署刘队长汇报过了，他说会尽快派人过来**查明真相**。"姥爷说。

谜题

③ 胖婶和老金为什么会发疯？

④ 络腮胡又扮演了什么角色？

红色的小溪 7

麻山村前有一条小河，河水中山上的数条小溪汇流而来，蜿蜒数十千米，在村前绕上大半个圈后又向下游流去。这条小河是村民们生活用水和灌溉田地的主要水源。人们依河建屋，在这里繁衍生息，这条小河可以称得上是麻山村的"母亲河"。

路建平每天清晨都喜欢沿河跑上几圈，呼吸一下大自然的清新空气。

这天路建平像往常一样沿着河道晨跑，"表哥，累死了，等等我。"安妮气喘吁吁地追了上来。

"你平时都不跑步，今天却非要跟来。说吧，有什么企图？"路建平一眼就看穿了安妮的小心思。

"嘿嘿！"被看穿心思的安妮干笑了一声，"表哥，明天就是姥姥的生日了，送个什么生日礼物呢？要不，咱俩亲手给姥姥做顿饭吧！但是你知道我并不会做饭，我做的饭可能猪都不会吃。所以，你能不能做两个菜，其中一个说是我做的？"

"**长得挺美，想得更美**！"路建平揶揄她。

"看在我长得这么美的分儿上，表哥就帮我一下？"安妮**顺杆就爬**。

"好吧。不过今天就得准备食材了。做什么菜呢？我想想……我打算去山上摘些黄花菜，做一个黄花菜炒肉。再挖点竹笋，做一个腊肉笋片。"

"哇！表哥，我觉得我口水都要出来了。不过……现摘的黄花菜能吃吗？那不是有毒的吗？"

"这你还真说对了！新鲜的黄花菜含有生物碱。当黄花菜中的生物碱进入人体后会迅速生成剧毒

之物！"

"什么是生物碱呢？"

"它是存在于自然界中的一类碱性有机化合物。你是不是又想问什么是有机化合物？"路建平没等安妮开口就问道。

"嘿嘿，还是你了解我！"

"有机化合物是生命产生的物质基础。所有生命体内都含有有机化合物，如脂肪、蛋白质等。"

"哦，又学到了！可是黄花菜有毒，我们还去摘吗？"

"当然！新鲜的黄花菜可是不可多得的美味！黄花菜中的植物碱绝大部分在花蕊中，它怕热，易溶

于水。所以，在吃之前，我得把这些黄花菜处理一下，去掉花蕊和根部，再用沸水焯一下，将它们放在清水中浸泡1~2个小时，就可以了！"

"可是，咱们不知道去哪里摘呀？还有，哪里有竹笋呀？"

"这都不是问题！咱们有姥爷！"

"好嘞！说干就干！"安妮兴奋地往家里跑。

"一说吃，比兔子跑得都快！"路建平真的是拿这小表妹没办法。

兄妹二人晨跑完毕吃完早餐，拉着姥爷就往山上走。

"你们这两个小家伙神神秘秘，把我拉到山上来干什么？"

"姥爷，我们明天要为姥姥做两道好菜：黄花菜炒肉和腊肉笋片。但是我们不知道哪里有黄花菜，也不太清楚在哪里可以挖到竹笋，所以才叫您来帮忙，您可得保密呀！这是我们要给姥姥的小惊喜！"

安妮说道。

"你们早说呀！我都没带锄头，咱们难不成用手去挖竹笋？"姥爷很是**无奈**。

"我回去拿吧，姥爷！"路建平说，"我跑得快，您和安妮先在这儿歇会儿，我马上回来。"

安妮和姥爷坐在山脚下，边聊天边等着路建平。过了一会儿，**远远地**看见老金走了过来。

"出院了？身体没事儿了吧？"姥爷问道。

"没事儿了！医生说蘑菇吃得不多，没什么大事儿不用住院了。我还得谢谢您呐，要不是您及时把我送去医院，我还不知道要闹多少笑话、丢多大的人呢！"

"你又不是不认得迷幻蘑菇，怎么会去吃它呢？还和大柱媳妇一起中了毒？"

"唉，是这么回事儿。"老金也坐了下来，"那天我路过大柱家，从他家飘出来一股炖肉的味道。那肉香的，真是让人**垂涎三尺**！当时大柱正好从

院里出来，热情地邀请我去他们家吃饭。"

"我看是你馋了想去人家里蹭饭吧！"姥爷说。

"看您说的。孩子面前给我留点面子行不行？"老金有些窘迫。

他干咳了两声继续道："我心里琢磨：平时大柱都不怎么搭理我，今天怎么这么热情？难道是他有求于我？管他呢，先吃顿肉再说。进屋时大柱媳妇已经把碗筷都摆好了，正好三副碗筷。饭桌的中间摆着一大碗小鸡炖蘑菇，还有个青菜。我也没客气，往桌上一坐，就要开动。这时，大柱单位打来电话说厂里有什么事儿解决不了，必须得让他回厂里去。我想，大柱都走了，我哪还好意思在人家里吃饭呢，也就要走。结果大柱把我按在椅子上，非让我吃完饭再走。后来，我和大柱媳妇把一大碗鸡肉全都吃掉了。结果就出了那档子丢人现眼的事儿！"

"这么说，您和胖婶都不知道炖的鸡肉里有迷幻蘑菇？"安妮问。

"对呀，这要是知道了，她肯定也不会吃呀！幸好大柱没吃，要不丢人现眼的就是我们三个人了！"

"这可真是够巧的！他们是早知道有第三个人来吃饭吗，还摆了三副碗筷？"路建平说。

"表哥？你什么时候回来的？"

"老金叔说话的时候我就到了。你正在**聚精会神**听故事呢，我到你跟前你都没注意到。"

"老金叔，怎么能有人**未卜先知**，提前摆好碗筷呢？"路建平问。

"这……"

"您还记得当时您说看到山神像眨眼的事儿吗？当时还有什么别的感觉？"路建平坐到老金身

66

边问道。

"别的感觉？哦，就是觉得有点儿**控制不住**自己，感觉像在做梦。等雨停了，我回到家时才好一点。"这话一说出来，他**恍惚**了一下，"到底是梦？还是真的？"老金回忆道。

"您看到山神眨眼是喝水之前还是之后？"

"是……之后。"老金仔细回忆了一下。

"哦！您当时把水喝完了吗？"路建平抓住了关键点。

老金**挠了挠头**说："好像没喝完，哎呀，我不太记得了。"

"要想解开这个谜题，当时你喝的那瓶水是关键。不过，现在过去了那么长时间，也不知道还能不能找到那瓶水。"姥爷的表情有些严肃。

"姥爷，咱们去山神庙看看？"安妮提议。

"好，咱们去看看。"几个人准备去山神庙看看。

山神庙建在半山腰，因为**年久失修**显得有些

破败。原本的围墙已经不见了，只余一座孤零零的小庙矗立在树木环抱的平地上。绕村的小河从山神庙旁流过，只是河水更浅、河面更窄，用"小溪"来称呼它似乎更合适。四人走进山神庙，见山神像已经被村民送了回来，端端正正地摆在大殿中央的须弥座上。路建平等人在小庙里转了一圈，一无所获。于是决定再去山神庙外的四周查看情况。

"表哥，快来！"安妮正站在"小溪"旁招呼道。

几人走过来，只见"小溪"的水面被两岸的杂草掩盖住了大部分，中间只余十几厘米的水面。

"姥爷，你们看！这水的颜色怎么是红棕色的？"安妮说。

大伙一看，果然"小溪"水呈现出红棕色，隐隐还有些刺鼻的气味儿！

老金的迷信劲儿又上来了："我说什么来着？这就是山神发怒啦！村长，咱们赶紧组织村民来祭祀吧！这哪是水，这是血水呀！"

"老金叔，您先别慌，这肯定不是血水。血水的气味怎么会这么刺鼻？咱们沿着水流往上**走走看看**，就能知道到底是怎么回事儿了！"路建平说。

"等等，"姥爷说，"我觉得这件事儿不简单，正好今天下午刘队长要来村里走访案情，我先把情况向他汇报一下，然后咱们和警察同志一起上山查个究竟才**稳妥**。"

姥爷给警察署打完了电话，就带着大家一起退到了山脚下，等着警察的到来。

谜题

⑤ 山神庙旁边的"小溪"水变成了红棕色，这真的是山神给出的警示吗？

⑥ 警察来了之后会发现什么呢？

原来是他

8

警笛声中，麻山镇警察署的刘队长带着几名警察来到村长跟前说："老沈，辛苦您带我们到您说的地方看看。"

众人来到"小溪"旁，一名警察取了些水和泥土样本，还拍下了现场照片。接着一行人沿着"小溪"一路向上探查。

"老沈，你带着其他人下山吧，免得发生危险。"刘队长说。

姥爷带着众人来到山下，等待着刘队长他们探查出来的消息。

71

"表哥，你说那小河是怎么了？不但流出来的水颜色不对，而且气味还令人作呕。"安妮问。

"我估计上游应该有化工厂。化工厂排出的废水中含有重金属元素或有刺激性、腐蚀性的物质。这些废水严重的会致人死亡呢。"路建平说。

"这也太可怕了！谁会在这里建厂？简直太可恶了！"安妮义愤填膺地说。

"表哥，什么是重金属元素呀？"安妮接着问道。

"我们熟知的铜、铅、锌、铁等都属于重金属元素，重金属元素在人体中累积达到一定程度，会造成慢性中毒。"路建平解释道。

"我又长知识了，谢谢表哥。"安妮心悦诚服地说。

一些不知情的村民见有警车上山，便也赶来凑热闹。直到晚上八九点钟，几辆警车才从山上飞驰而来。刘队长对村长说他们立了大功，山上藏着一个非法加工化学品的化工厂，王大柱就是这个厂的厂长。

　　王大柱非法办化工厂这件事儿如同一枚炸弹瞬间打破了小山村的宁静。

　　第二天一大早，警察署的警察就来村里走访。警察一来，胖婶就缠着他们又哭又闹，一个劲儿地说她丈夫是冤枉的，他不可能干这种违法的事儿。警察没办法展开工作，只好来找村长。

　　路建平和安妮昨天没能摘到黄花菜、挖到笋，两人无奈之下只能临时换"将"。

　　"安妮，你打算送什么礼物给姥姥？"路建平问。

　　"我呀，我就给姥姥唱首歌吧！你呢？"

　　"我打算做道红烧肉！"路建平说，"这也是我的拿手菜，我得让姥姥尝尝我的手艺！"

"那你可得多做点儿，不然可不够我吃！"安妮**吐了吐舌头**说。

二人正说着话，就听络腮胡喊着："村长，警察同志来了！"警察的身后还跟着二姥爷、老金以及胖婶等人。胖婶头发乱糟糟的，眼睛都哭肿了。

"村长，您可得帮帮大柱啊！他不能坐牢啊！他坐牢，我可怎么办啊！"说着，胖婶又大哭了起来。

"胖婶，你冷静点。警察是不会冤枉好人的。"村长制止道。

村长把众人请进院子里坐下，警察说明了来意，他是来村里调查鸡鸭死亡、鱼塘发现化学品这两件事的。

"这个事儿得让建平他们来说。"姥爷把建平和安妮拉到自己的旁边。

"这两个孩子是？"警察有点儿不能理解这么重要的事村长为什么让两个孩子来说。

"这是村长的外孙和外孙女。您可别看他们年

纪小，这里，"老金指了指自己的脑袋，"可是聪明得很呐！村里发生的几件**稀奇古怪**的事都是他们找出了问题所在。要不然，我还真以为是山神发怒了呢。"

"哦？那你们说来听听。"

"我们来的第一天晚上，村里的鸡鸭**莫名其妙**地死亡。后来我们发现是人们洗野菜的水坑里的水中含有化学毒品硫酸铜，正是它毒死了村里的鸡鸭。"路建平说。

"接下来我补充，"安妮说，"鸡鸭莫名死亡后，老金叔说看到了山神像眨眼。结果没过两天我二姥爷家鱼塘里的鱼就出了事儿。多亏表哥找到**罪魁祸首**硫化钠，救了鱼塘里大部分的鱼。后来老金叔和胖婶忽然之间发了疯。"

"这一切难道是巧合吗？我将这几件事联系在一起，做了一个大胆的假设。无论是鸡鸭的**离奇死亡**、鱼儿被害，还是胖婶和老金叔的发疯，都是有

人故意在引导人们相信一件事：山神确实存在，而且山神发怒了！"路建平说。

"这和山神发怒有什么关系呢？"络腮胡问。

"只有各种神迹出现，人们才相信山神的存在。只要人们相信山神发怒会造成各种'异象'，那么化工厂的污染就有山神替他'背锅'了。"路建平说。

"所以，之前发生的这些事儿都是王大柱干的？他连他老婆都能利用？"老金说。

胖婶一下子呆住了。

"胖婶，我想问您一下，那天二姥爷鱼塘出事儿，您为什么要大声嚷嚷说可能是络腮胡大舅干的呢？"安妮追问。

"这……我也不是故意的。"胖婶言辞闪烁，"那天我本来要把死鸡收拾好拿去卖。络腮胡非得带着人闯进我家，撞破了我要收拾死鸡的事。既然大家都看到了，这鸡就没法拿去卖了只能自己吃。他让我损失了钱，我心里记恨他才说了那些话。其

实我不该那么说。"

"那天的鸡肉竟然是死鸡肉？"老金瞪大了眼，有些**不可置信**，"我没被毒死，真算我命大！不对，胖嫂你也命大！"

几天后，路建平从姥爷口里得知，王大柱已经认罪。他承认自己先是让老金喝了用注射器注入过迷幻蘑菇提取液的矿泉水，让他看到"山神显灵"；随后又悄悄地将硫酸铜和硫化钠投入小水坑和鱼塘，想制造家禽和鱼死亡是源于"山神发怒"的假象；最后再让老金和胖婶吃下迷幻蘑菇，用发疯来证明"山神"的存在。目的和路建平推断的一样，他想利用人们的迷信心理实现自己非法生产化工产品赚大钱的美梦。然而，这一切都被路建平和安妮给识破了。这正是**法网恢恢，疏而不漏**，作恶的人最终难逃法律的**制裁**。

化工污水有什么危害？

化工污水排放不达标，会使地表水受到不同程度的污染，使江河湖泊中的鱼虾绝灭。同时，它不但污染地表水，还污染地下水源。

化工污水中往往含有大量的铜、镍、镉、铅、锌、汞等重金属元素和许多种有毒有机物。若农田灌溉长期施用化工污水会导致土壤污染，有毒物质被农作物吸收后又会通过食物链进入人体，从而影响人体的健康。

若干天后……

天气渐凉，暑假也到了尾声。路建平和安妮被路门捷接回城里后不久，安妮就回了自己家。

自从申筝奕和尤勇齐听路门捷说路建平利用化学知识破除了"山神发怒"的事件后，就迫不及待要来"采访"他。

这天，三人聚在了一起。路建平将他和安妮进入山村后发生的每一件事细细讲给二人听。听说整件事情竟然是王大柱挖空心思设计的阴谋之后，二人觉得，如果路建平没有利用化学知识破解谜案，恐怕整个山村都会陷入恐慌之中。如果任由王大柱随意排放化工污水，那么用不了多久，山村的青山绿水就会变成草木不生的荒山野岭了。

然而，天理昭昭，王大柱的阴谋没有得逞，他也受到了应有的惩罚。麻山村依然还是那座青山灼灼、星光杳杳的美丽小山村。

解谜时刻

1 到底是谁想毁掉鱼塘里的鱼？
化工厂厂长王大柱。

2 这个人为什么要这么做呢？
让村民误以为是山神发怒了，以掩盖化工厂污染的真相。

3 胖婶和老金为什么会发疯？
吃了迷幻蘑菇。

4 络腮胡又扮演了什么角色？
他是被胖婶记恨而被谣言伤害的人。

5 山神庙旁边的"小溪"水变成了红棕色，这真的是山神给出的警示吗？
假的，那只是化工厂排出的废水。

6 警察来了之后会发现什么呢？
发现了王大柱违法建造的化工厂并将他绳之以法。

图书在版编目（CIP）数据

化学侦探王．山神发怒 / 吴殿更著．-- 长沙：湖南教育出版社，2023.11（2024.3 重印）
ISBN 978-7-5539-9875-6

Ⅰ．①化⋯ Ⅱ．①吴⋯ Ⅲ．①化学－青少年读物 Ⅳ．① 06-49

中国国家版本馆 CIP 数据核字（2023）第 213333 号

化学侦探王·山神发怒
HUAXUE ZHENTAN WANG · SHANSHEN FANU

吴殿更　著

总 策 划：石叶文化
策划组稿：胡旺　殷哲
出版统筹：朱微　谢觊颖
封面设计：曹柏光
特约编辑：卫世敏　杨帅
责任编辑：王华玲
责任校对：刘婧琦
出版发行：湖南教育出版社（长沙市韶山北路 443 号）
网　　址：www.hneph.com
微 信 号：湖南教育出版社
电子邮箱：hnjycbs@sina.com
客服电话：0731-85486979
经　　销：全国新华书店
印　　刷：唐山富达印务有限公司
开　　本：880 mm×1230 mm　32 开
印　　张：27.50
字　　数：400 000
版　　次：2023 年 11 月第 1 版
印　　次：2024 年 3 月第 2 次印刷
书　　号：ISBN 978-7-5539-9875-6
定　　价：198 元（全 10 册）

如有质量问题，影响阅读，请与承印厂联系调换。